U0032287

EINSTEIN EDITION
愛因斯坦篇

以科學之名毀了這本書吧！

DESTROY THIS BOOK in the name of SCIENCE!

麥可·巴菲爾德 Mike Barfield 著

蕭秀姍 譯

商周教育館 23
以科學之名毀了這本書吧！：愛因斯坦篇

作者——麥可‧巴菲爾德
譯者——蕭秀姍
企劃選書——羅珮芳
責任編輯——羅珮芳
版權——吳亭儀、江欣瑜
行銷業務——周佑潔、林詩富、賴玉嵐、賴正祐
總編輯——黃靖卉
總經理——彭之琬
事業群總經理——黃淑貞

發行人——何飛鵬
法律顧問——元禾法律事務所王子文律師
出版——商周出版
115 台北市南港區昆陽街 16 號 4 樓
電話：(02) 25007008‧傳真：(02)25007759
發行——英屬蓋曼群島商家庭傳媒股份有限公司城邦分公司
115 台北市南港區昆陽街 16 號 5 樓
書虫客服服務專線：02-25007718；25007719
服務時間：週一至週五上午 09:30-12:00；下午 13:30-17:00
24 小時傳真專線：02-25001990；25001991
劃撥帳號：19863813；戶名：書虫股份有限公司
讀者服務信箱：service@readingclub.com.tw
城邦讀書花園：www.cite.com.tw
香港發行所——城邦（香港）出版集團
香港九龍土瓜灣土瓜灣道 86 號順聯工業大廈 6 樓 A 室
電話：(852) 25086231‧傳真：(852) 25789337
E-mail: hkcite@biznetvigator.com

馬新發行所——城邦（馬新）出版集團【Cite (M) Sdn Bhd】
41, Jalan Radin Anum, Bandar Baru Sri Petaling,
57000 Kuala Lumpur, Malaysia.
電話：(603) 90563833‧傳真：(603) 90576622
Email: services@cite.my

封面設計——林曉涵
內頁排版——陳健美
印刷——中原造像股份有限公司
經銷——聯合發行股份有限公司
電話：(02)2917-8022‧傳真：(02)2911-0053
地址：新北市 231 新店區寶橋路 235 巷 6 弄 6 號 2 樓

初版——2019 年 3 月 1 日初版
　　　 2024 年 3 月 11 日初版 5.7 刷
定價——250 元
ISBN——978-986-477-622-1

（缺頁、破損或裝訂錯誤，請寄回本公司更換）
版權所有‧翻印必究　　Printed in Taiwan

國家圖書館出版品預行編目（CIP）資料

以科學之名毀了這本書吧！：愛因斯坦篇 / 麥可‧巴菲爾德
(Mike Barfield) 著；蕭秀姍譯 . -- 初版 . -- 臺北市：商周出版：
家庭傳媒城邦分公司發行 , 2019.03
面；　公分 . -- (商周教育館；23)
譯自：Destroy this book in the name of science : Einstein edition
ISBN　978-986-477-622-1（平裝）

1. 科學實驗 2. 通俗作品

303.4　　　　　　　　　　　　　　　　108001031

線上版回函卡

目　錄

關於作者

麥可・巴菲爾德身兼作家、漫畫家、詩人及演員身分。
他曾任職於電視台和廣播電台，
並在學校、圖書館、博物館和書店中工作過，
也擁有一流的科學學位。

前　言

你會在本書中發現許多手作遊戲，有些遊戲中的紙模型可以剪下黏起摺成形，

還可加以著色及畫圖。

你的任務就是把書毀了，完成裡頭所有的科學實驗，並在過程中充分享受樂趣。

這裡有著大量的科學小知識，是場可口的知識饗宴。

不需要任何昂貴或少見的美勞用品就能完成這些遊戲。

書中大多數的紙模型用膠水和膠帶就能完成。

也只要用筆和鉛筆就可以畫出具有個人特色的圖樣，並為它們塗上顏色。

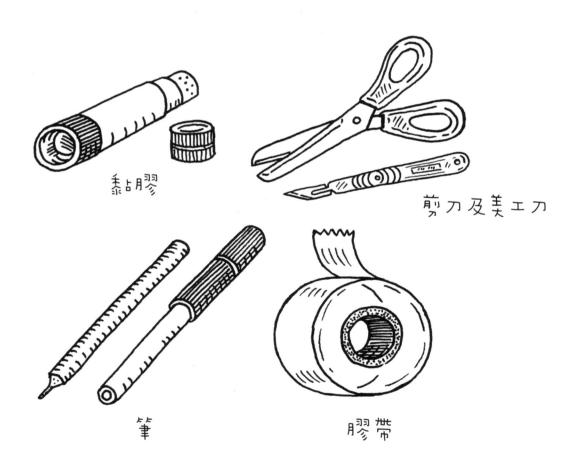

黏膠

剪刀及美工刀

筆

膠帶

 現在，就請你開始毀了這本書吧！

惱人的襯衫！

赫曼博士有件全新的白色方格襯衫，但他覺得襯衫太白了，
所以把方格都塗上黑色。

他穿這件襯衫時，有人對他說襯衫上有暗點。這是真的嗎？

將所有方格
塗成黑色

哇！

你直接盯著每個暗點看，又會出現什麼情況呢？

科學解析→

你的眼睛有問題嗎？並沒有！

看見方格角落有灰色暗點是種奇怪的視錯覺，
被稱為

「赫曼方格錯覺」。

德國科學家盧迪馬爾·赫曼在一本書上注意到這種錯覺，並於1870年首次提出。這個錯覺後來就以赫曼的名字來命名。

白色方格也可以產生點點。

將白色小方格以外的格線區域塗黑。你會看到許多點點。這些點點是什麼顏色的呢？

1. 將方格塗上紅色，這次出現的是什麼顏色的點點呢？

2. 接著將格線塗上黃色。這次又會出現什麼顏色的點點呢？

很神奇吧！目前還不知道眼睛為何會產生這種錯覺。有人說，跟後腦的這個區域有關。

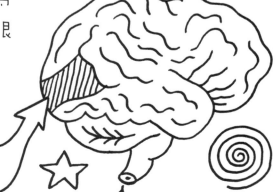

初級視覺皮質

照亮夜空 色彩繽紛的煙火

煙火中的氣化化學物質所的目燃燒火花產生不同的色彩。當月小夜煙火施放化學元素時加熱時，會產生不同的色彩。請月小夜施放化學元素燃燒時所發付光系付先光化學元素時，為上圖著色。

Ba 鋇／綠米 色	
Sr 鍶／幺ㄜ 色	
Mg 鎂／白 色	
Na 鈉／黃 色	
Ca 鈣／橙 色	
Cu 銅／藍 色	
K 鉀／粉ㄥ紅 色	

7

天才人偶DIY（一）
愛因斯坦

※這是受到地球磁場的影響。

愛因斯坦是全球**最知名的科學家。**

愛因斯坦於1879年在德國出生。
小時候父親給他一只羅盤，
他對羅盤為何一直指向北方感到好奇，
因而引發了他對科學的興趣。

愛因斯坦的數學及物理極為出色。他因為光電效應的研究
在1921年榮獲諾貝爾獎。

愛因斯坦最著名的科學方程式：

$$E = mc^2$$

（E＝m×c 平方）

| E＝釋出的能量、M＝質量 |
| C＝光速 |

這項著名的方程式解釋了太陽發光及原子
彈爆炸的原理。

碰！

愛因斯坦死後，大腦被取下
裝在罐中。

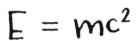

做個愛因斯坦的人偶吧。

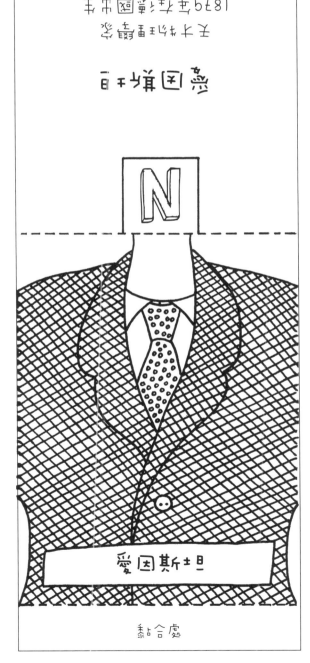

$$E = mc^2$$

脖子
(彎起來)

N

將本頁上的各個配件著色後小心剪下。將身體摺成三角柱並黏合。將手臂黏在身體前面內側。把頭黏在彎曲的脖子上。簡單吧!

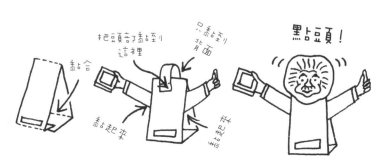

把頭部黏到這裡

只黏到背面

黏合

黏起來

黏起來

點頭!

愛因斯坦日

1879年生於德國烏爾姆
1955年於美國逝世

你知道嗎?

愛因斯坦的頭太大，
其尊在一般本尊的本人還要小。

真!

N

愛因斯坦

黏合處

愛因斯坦在1951年3月的72歲生日會當天，因為拍照拍累了於是頑皮地伸出舌頭，結果這成為他最著名的照片。

渦輪海龜

將下面的海龜剪下黏好。在浴缸或水盒中放些乾淨的冷水，水位淺淺的就好，讓海龜浮在水面。接著在如鑰匙形狀的縫隙處滴肥皂水，看看會發生什麼情況。

為烏龜著色

哇!

赤蠵龜

你知道嗎?
赤蠵龜會流淚
排出體內鹽分。

針對摺黏合

黏合

綠蠵龜

你知道嗎?
綠蠵龜不是綠色的，
通常是
黑色或棕色的。

完成!

在縫隙處滴肥皂水

科學解析

11

為什麼海龜會動？

水分子聚集在水面時會形成一層「膜」，即為「表面張力」。在海龜後方的縫隙處滴入肥皂水，就代表後方水分子的拉力會比前面弱。於是海龜就會向前游了！

這稱為「**馬蘭哥尼效應**」，一旦肥皂水布滿水面，海龜就不會動了。要再做一次實驗的話，就晾乾海龜並換缸清水。

你會看到：

1. 滴肥皂水。

2. 哇！

你知道嗎？
綠蠵龜可以憋氣超過
4個小時。

你知道嗎？
大多數海龜的游速約為每小時2～3公里，
不過綠蠵龜在緊急時的游速可高達
每小時25公里以上。

吹出聲音吧！ (也要安靜一下哦!)

做隻伸縮笛

☆ 剪下下面的方型紙片，拿枝15公分長的光滑圓形鉛筆放在紙片的一邊，小心將紙片捲起來。

☆ 紙片要緊緊貼著鉛筆捲起來，捲起來的紙管會像這樣。

☆ 將紙片邊緣塗上膠水黏合，鉛筆不用取出。

☆ 紙管會緊緊貼著鉛筆，不過鉛筆還是能在紙管裡頭順暢地上下滑動。

☆ 剪下下方有箭頭的紙片，貼到鉛筆筆頭處，做成握把。

摺下來

黏到鉛筆筆頭處

☆ 完成！

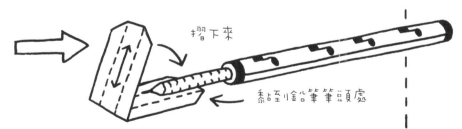

伸縮笛成品

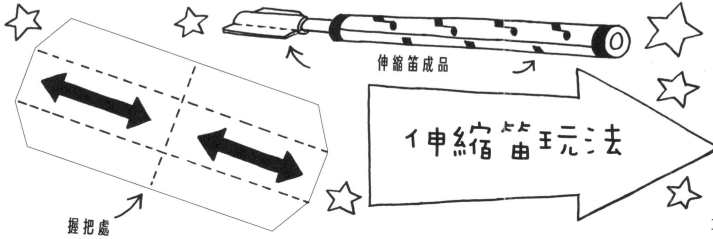

握把處

伸縮笛玩法

吹奏伸縮笛很簡單。噘起嘴巴對著笛口吹氣就會發出聲音。

將鉛筆上推，管內空間變小，就會吹出高音。將鉛筆下移，管內空間變大，就會吹出低音。

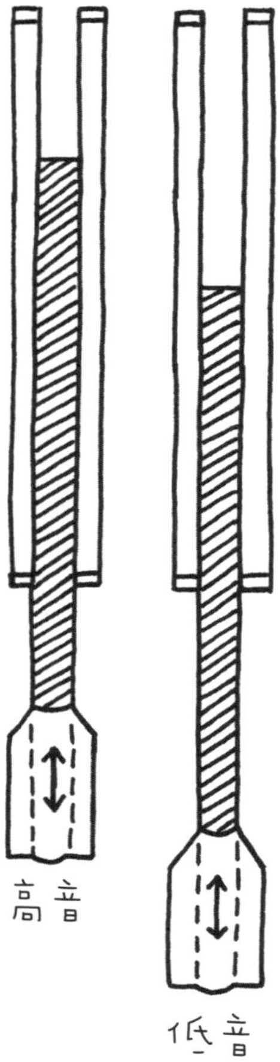

高音

低音

你能吹出一首曲子嗎？

研究聲音的科學稱為「聲學」。對管口吹氣，會造成管內空氣震動。空氣震動得越快，音調就越高。震動傳到我們耳朵時，我們所聽到的就是聲音。

貝漢轉盤

你相信自己看到的嗎？

將下方紙片剪下做成轉盤。轉動轉盤，就會出現令人難以相信的效果。

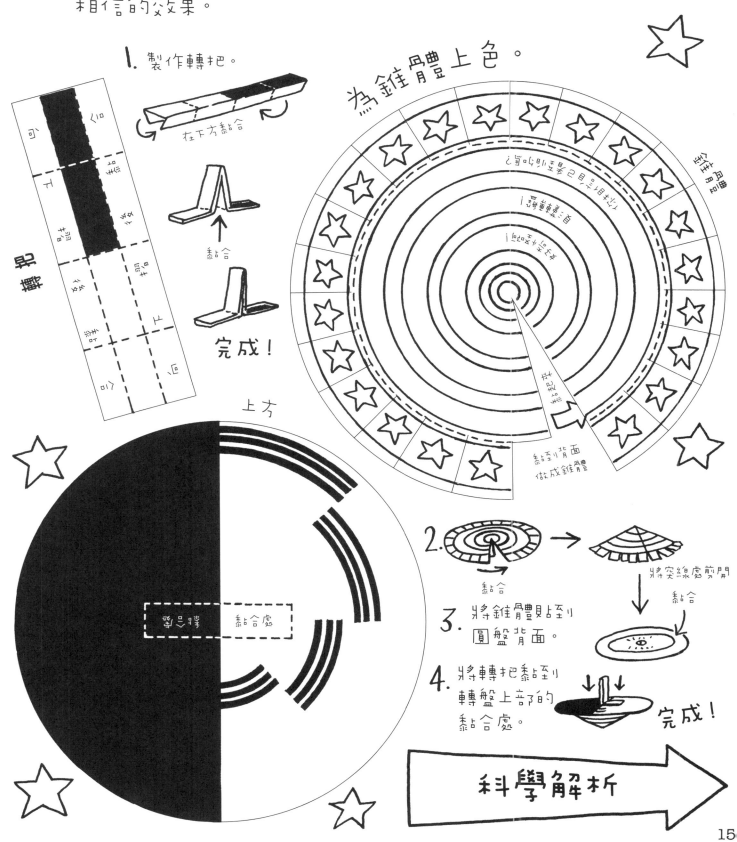

1. 製作轉把。

在下方黏合

黏合

完成！

為錐骨體上色。

2. 黏合
→ 將突線處剪開
黏合

3. 將錐骨體貼到圓盤背面。

4. 將轉把黏到轉盤上部的黏合處。

完成！

上方

轉把　黏合處

科學解析

轉動轉盤會產生被稱為「費希納顏色」的淡色帶。德國物理學家費希納在1838年首先提出這種色帶，所以此色帶就以他的名字來命名。每個人看到的顏色不太一樣，甚至有人根本看不到黑白以外的顏色。

古斯塔夫·費希納
（1801年～1887年）

查爾斯·貝漢
（1860年～1929年）

在這裡塗上膠水，將錐體與圓盤結合

你知道嗎？

人類的眼睛大約是小番茄那麼大。

好吃　　好吃

實際大小

每個眼睛中有1億2,000萬個感光細胞。

在這裡塗上膠水，將錐體與圓盤結合

用手指轉動轉盤的轉把，讓轉盤旋轉。

當轉盤轉動，圓盤上的黑線就變成了色帶。

哇！

你看到什麼顏色呢？

試著旋轉看看會不會有什麼變化？

為什麼會這樣？

目前還不清楚。

有個理論認為
眼睛的感光細胞
因旋轉的黑白部位
而開關，
結果就產生了
有顏色的錯覺。

這個轉盤是以英國玩具製造商貝漢（請見上一頁）的名字來命名，他在1895年首次販售這個玩具。貝漢轉盤在當時造成轟動，科學家直到今日還在研究它造成錯覺的原因。

在動物園裡的是什麼動物?

動物園裡一片騷動,管理員無法確定新來的是什麼動物。

請將下圖中的點按順序連起來,看看你是否能幫管理員確定這是企鵝還是兔子。

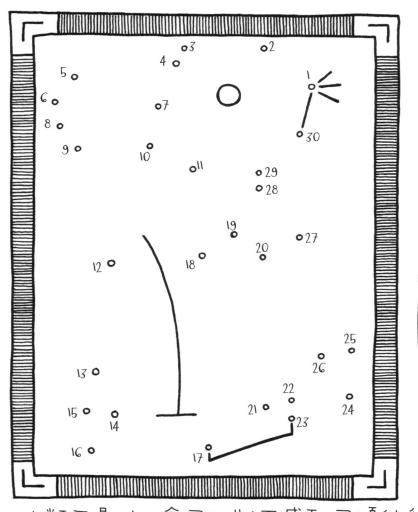

是兔子還是企鵝?
誰知道啊!
這是一種著名的
視覺錯覺。

科學解析

如果你看到耳朵,你就會覺得這是兔子。如果你看到的是嘴喙,就會覺得這是企鵝。
無論看到的是哪種動物,都是個好玩的謎題!

人類不是唯一會因形狀而感到困擾的動物。
將下方的鳥塗上顏色,確認這是什麼鳥。

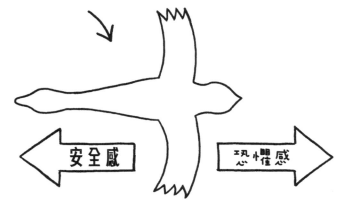

安全感

恐懼感

如果你覺得這隻鳥是往左飛,那這個形狀就是隻不具傷害性的鵝。不過若你覺得鳥是往右飛,那看起來就會像隻獵鷹。

殘像

如果你長時間盯著同一個東西看，眼睛就會開始產生一種稱為「殘像」的「幻影」。這現象會在眼睛不再盯著物體看及眨眼時發生。試試盯著這些黑白圖像，看看會不會有殘像出現。

先盯著左邊的十字看30秒，再集中注意力看右邊的十字。

 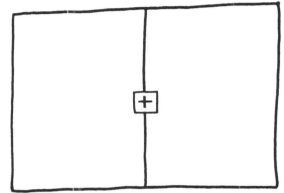

你有發現黑白區域對調了嗎？

 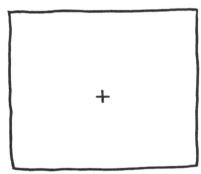

運用同樣的方式，你可以把白底黑貓變成黑底上有隻朦朧的灰貓嗎？

這是科學大師愛因斯坦的肖像。盯著頭髮看30秒後，再盯著臉部看。會出現什麼情況呢？

在這裡畫出你的黑白圖案。

也有彩色的殘像。不同的顏色會產生
不同「互補色」的殘像。

依照指示將下列瘋狂的水果塗上顏色。盯著每種水果看30秒後,再看右側的碗。

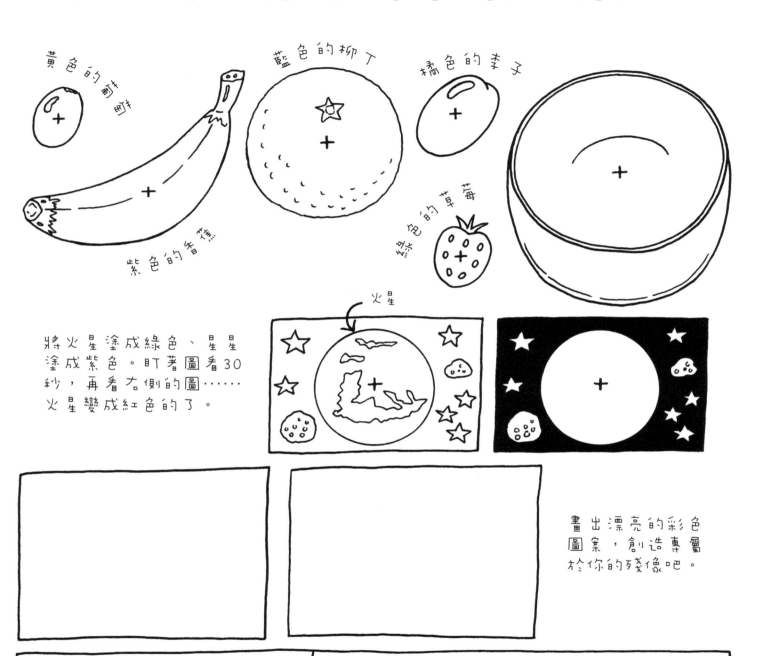

黃色的葡萄

藍色的柳丁

橘色的李子

紫色的香蕉

綠色的草莓

將火星塗成綠色、星星塗成紫色。盯著圖看30秒,再看右側的圖……火星變成紅色的了。

火星

畫出漂亮的彩色圖案,創造專屬於你的殘像吧。

科學解析

長時間盯著同一個東西看,會讓眼睛裡負責偵測光線的感光細胞疲勞。舉例來說,若你一直盯著黑色及綠色的東西瞧,感光細胞送到大腦的黑色及綠色訊號就會越來越少。因此眼睛不再盯著東西看後,就會出現白影及紅影(黑色及綠色的互補色)。

花朵的力量

用蠟筆或油性馬克筆為下圖的花瓣上色後，小心剪下整朵花。將外圈花瓣沿虛線往中心摺。再將花放在一盆乾淨的冷水上，觀察會出現什麼情況。花朵會神奇的綻放開來！

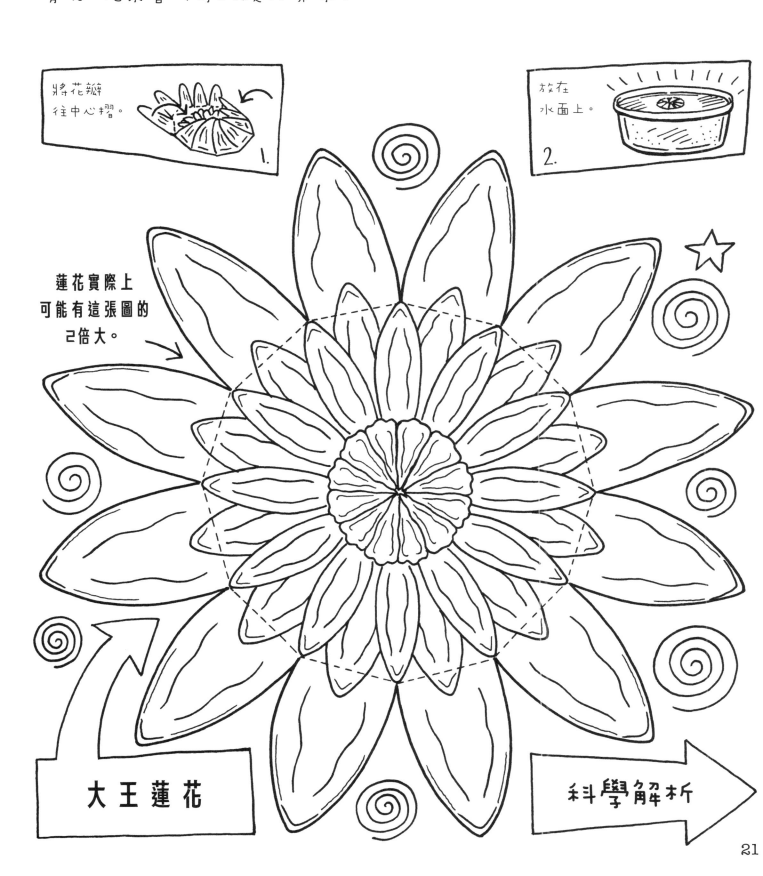

將花瓣往中心摺。

放在水面上。

蓮花實際上可能有這張圖的2倍大。

大王蓮花

科學解析

21

因為紙的密度比水低，所以紙花會浮在水面上。將紙花放在水面上一會兒，水分子就會經由所謂的「毛細作用」滲入紙中的細微空隙。紙中的纖維變濕後就會膨脹變大，展開花瓣。

你知道嗎？
大王蓮的葉子可以長到3公尺寬。葉子實際上大到可以支撐小孩站在上面。

晾乾紙花就能重複做實驗。

訓練大腦

你知道自己天生就是個電腦程式設計師嗎？打從出生開始，你就已經寫好程式，讓大腦運作身體去解決問題及控制肌肉了。

拿枝鉛筆來走迷宮A，記住不能超線。測一下你走出迷宮要花多少時間。這應該很簡單。

接著，拿面小鏡子放在頁面上，試著只看鏡子來走迷宮B。要提醒你，這很難哦！

科學解析

鏡子反轉了大腦看到的影像，所以你就得花更多時間用力思考要怎麼移動鉛筆。

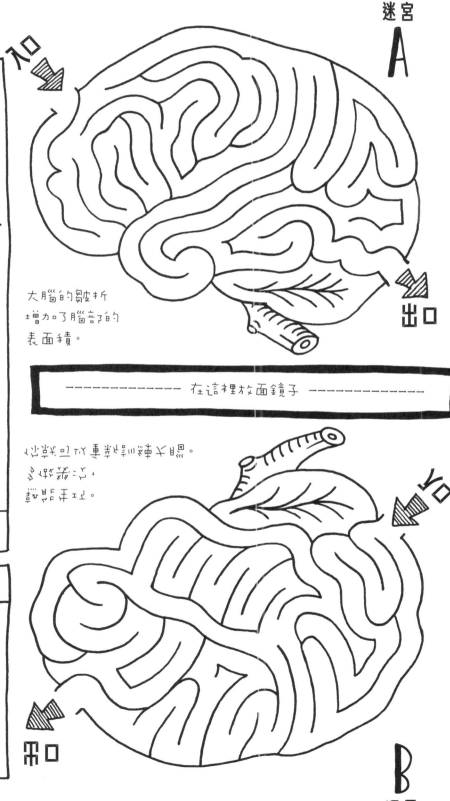

迷宮 A

入口

出口

大腦的皺折增加了腦部的表面積。

----------------- 在這裡放面鏡子 -----------------

用大腦的鏡像來訓練大腦。多加練習，可以更擅長。

入口

終點

B

迷宮

天才人偶DIY（二）
牛頓

1643年出生於英格蘭的牛頓爵士是聞名世界的科學家。牛頓的母親希望他能經營家族農場，不過他卻成為一位偉大的科學家。

牛頓肆無忌憚地在學校的石頭窗台上刻自己的名字。

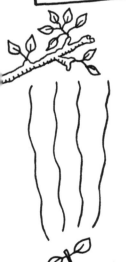

牛頓在一生中探索了科學與數學的許多領域。有則故事就是描述他因為蘋果從樹上掉落而開始思考**重力**。

牛頓對於蘋果為何是往下而不是往側邊掉落感到好奇。他認為這是因為蘋果受到地球質心的「重力」吸引所造成。

來做個可以維持平衡的牛頓吧。

從牛頓的時代起，科學家就費盡心力想要解答重力是什麼、造成重力的原因又是什麼。最新的理論認為重力是物質彎曲了宇宙看不見的結構所造成。

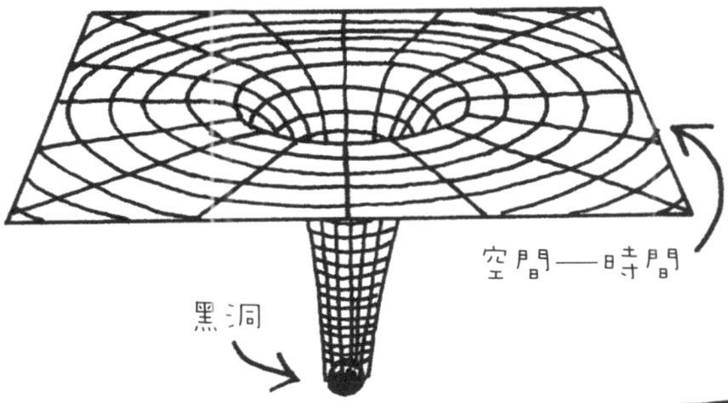

哇！

空間—時間

黑洞

作法：

剪下牛頓爵士的頭部，依照圖示用膠帶在兩側頭髮後面各貼上1枚小硬幣。再剪下黏好底座，在底座頂端平衡立起牛頓的頭。

底座

沿虛線摺好
黏合做成底座

用膠帶在背面
貼上硬幣

立在底座上
維持平衡

在兩側頭髮後面
各貼上枚同樣的硬幣。

頭

科學解析

因為錐形底座支撐了牛頓爵士的**重心**，所以能夠維持平衡。

物體的重心是其所有質量集中的位置。

以人類來說，重心差不多是在肚臍的位置。

搖搖晃晃！

你也可以試著在手指上平衡牛頓爵士。

牛頓爵士的重心差不多在這個位置。

你知道嗎？ 牛頓以2根脛骨交叉的圖樣做為自己的徽章。

神奇小徑

小徑神奇地讓東西變大了

1. 剪下黑白色塊交雜的小徑，如圖示摺起黏好。也剪下2個人像立牌（實線處也要剪開），摺起黏好後一前一後放在小徑上。

2. 哪個人像立牌看起來比較大？

3. 交換2個立牌的位置。

哇！

摺起

摺起

摺起

摺起

摺起

摺起

摺起

將黏合處黏至下方

在這裡剪一個洞

也要剪開

這個小徑的形狀會讓大腦誤以為位在較高且寬廣區域的立牌比較小。其實2個立牌一樣大。這是種經典的視覺錯覺。

看看小徑能否騙過你的朋友？

留影盤

留影盤是種會產生視覺錯覺的小玩具。剪下下方紙片，並將紙片黏在鉛筆上就可以做出留影盤。雙手快速轉動留影盤，2張圖片就會神奇地合為一體。

哇！

1. 摺起

黏起來

在裡面放枝鉛筆後黏合。

2.

雙手快速轉動鉛筆，就可以看到結合的神奇影像。

畫上你想要的圖樣。

畫個表情符號。

下頁說明可以加加助你把圖案畫在正確的位置上。

科學解析

留影盤約有200年的歷史。它應用了**視覺暫留**的原理。

當你看著某個東西時，眼睛會將影像保留幾分之一秒。
若此時眼睛又看到其他的影像，大腦就會將2個影像合為一體。這就是轉動留影盤時會發生的情況。

將2個圓形對齊貼合

把紙片放在窗戶上透光看，就可以在正確位置上畫出圖案。圖案要畫在虛線內。

在裡面試畫

在另一面畫上圖案。

將2個八邊形對齊貼合

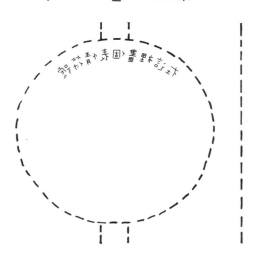

在裡面試畫圖案試試看

將2個正方形對齊貼合

環形翼

環形滑翔翼有環形而非平面的雙翼，
但飛得一樣漂亮。

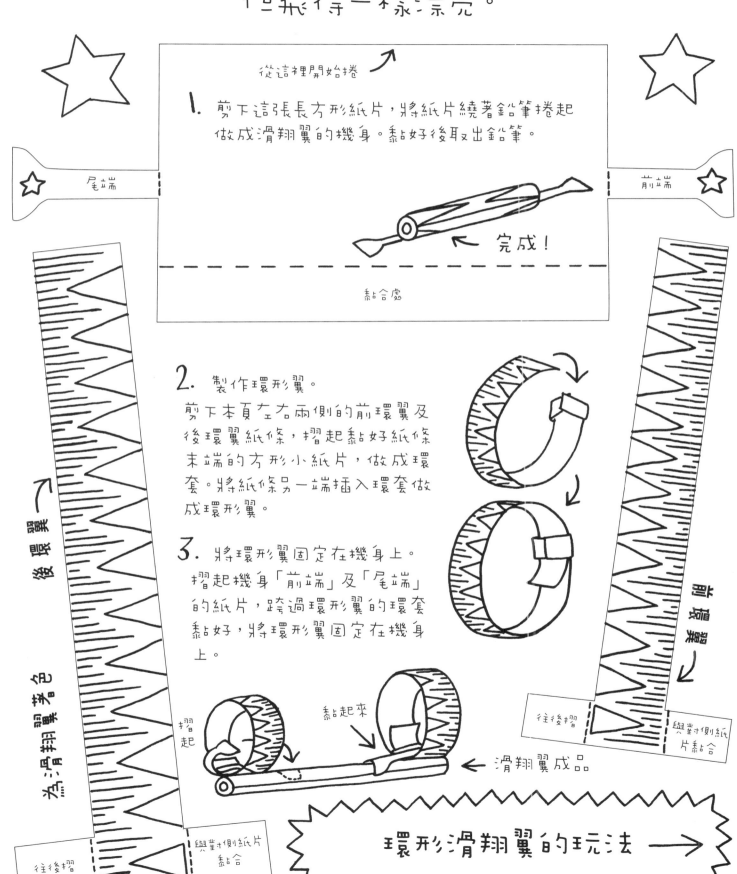

從這裡開始捲 ↗

1. 剪下這張長方形紙片，將紙片繞著鉛筆捲起做成滑翔翼的機身。黏好後取出鉛筆。

尾端

前端

完成！

黏合處

2. 製作環形翼。
剪下本頁左右兩側的前環翼及後環翼紙條，摺起黏好紙條末端的方形小紙片，做成環套。將紙條另一端插入環套做成環形翼。

3. 將環形翼固定在機身上。
摺起機身「前端」及「尾端」的紙片，跨過環形翼的環套黏好，將環形翼固定在機身上。

後環翼 →

為滑翔翼著色

摺起

黏起來

滑翔翼成品

往後摺

與對側紙片黏合

前環翼 ←

往後摺

與對側紙片黏合

環形滑翔翼的玩法 →

你知道嗎？

環形翼極為罕見。飛機一字的英文「Plane」，實際上指的是標準平面機翼。這裡的滑翔翼有著環形而非平面的雙翼，所以就不能說是「Plane」，只能說是迷你飛行器。

一百多年前，法國飛行先驅建造了一架橢圓形翼的動力飛行器。那麼這架飛行器有飛起來嗎？

很可惜地並沒有。這架被稱為布萊里奧三代的飛行器從未順利升空。

將小環形翼朝前，輕輕將滑翔翼射出……

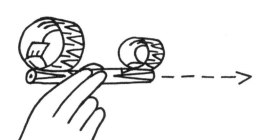

調整前後環形翼的大小，讓滑翔翼盡可能飛到最遠。

你的滑翔翼能飛多遠？

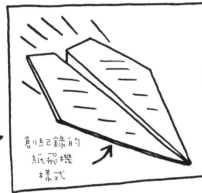

創紀錄的紙飛機樣式

單張紙摺出的紙飛機所創下的世界飛行紀錄超過69公尺——幾乎是一架噴射客機的長度！

科學解析

你的滑翔翼是種迷你飛行器。
它飛行時跟戰鬥機一樣有4種作用力……

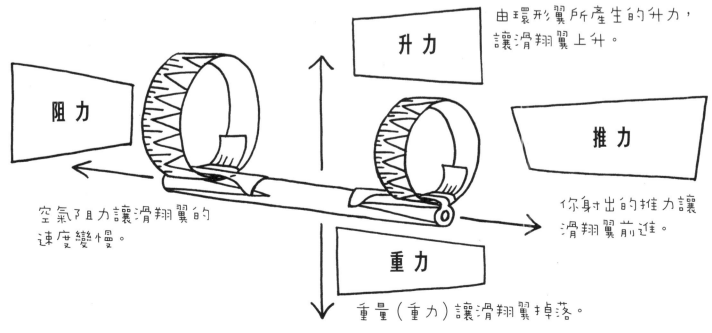

升力

由環形翼所產生的升力，讓滑翔翼上升。

阻力

空氣阻力讓滑翔翼的速度變慢。

推力

你射出的推力讓滑翔翼前進。

重力

重量（重力）讓滑翔翼掉落。

光線反轉

將下方箭頭著色，向左的箭頭塗藍色、向右的箭頭塗紅色。其他的形狀則任意著色。在透明的圓形玻璃杯中裝入冷水，並把書放到杯子的一側，再從另一側觀看。把書慢慢移離玻璃杯，就會看見神奇的事情——箭頭轉向了。哇！

其他形狀又會出現什麼變化呢？

科學解析

裝水的玻璃杯就像個柱狀透鏡，會將穿過的光線彎曲集中至所謂的「焦點」。若你是在焦距內看圖案，圖案看起來就是「正常的」。但若是在焦距外，透鏡就會完全反轉光線，造成上下顛倒、左右相反的圖案。

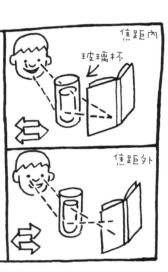

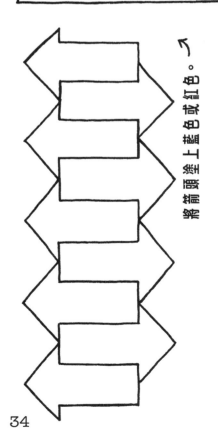

將箭頭塗上藍色或紅色。↗

這些形狀會上下顛倒、左右相反。↗

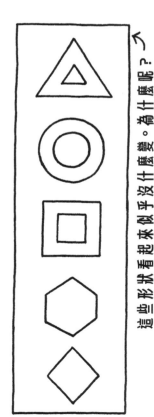

這些形狀看起來似乎沒什麼變。為什麼呢？↗

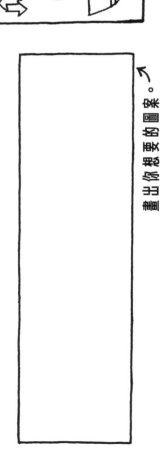

畫出你想要的圖案。↗

碰!

做個雷聲響板

這個響板只需空氣就能產生巨大聲響。

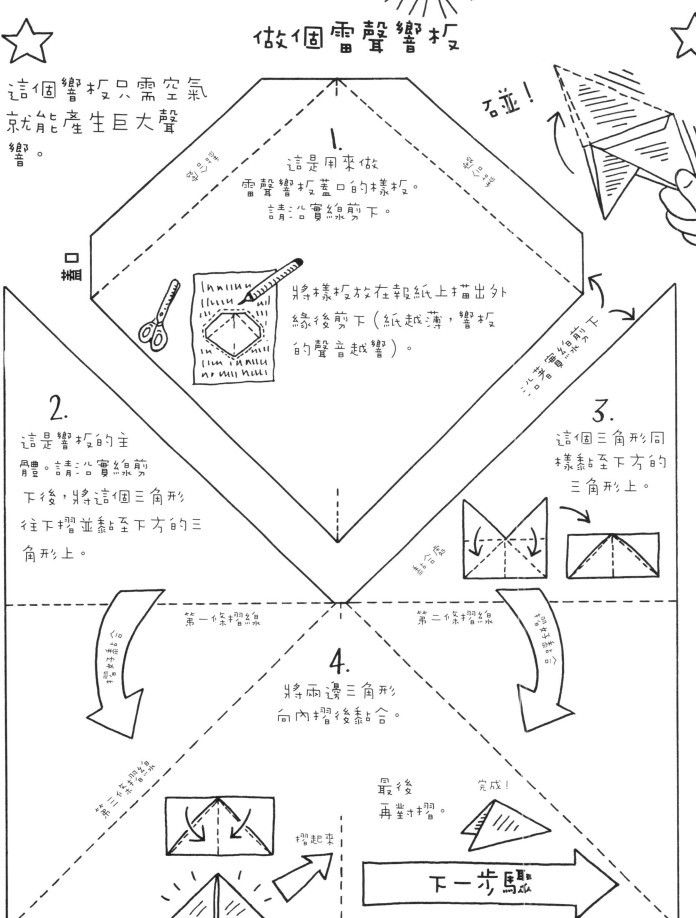

碰!

1. 這是用來做雷聲響板蓋口的樣板。請沿實線剪下。

將樣板放在報紙上描出外緣後剪下（紙越薄，響板的聲音越響）。

2. 這是響板的主體。請沿實線剪下後，將這個三角形往下摺並黏至下方的三角形上。

3. 這個三角形同樣黏至下方的三角形上。

4. 將兩邊三角形向內摺後黏合。

第一條摺線

第二條摺線

摺起來

最後再對摺。

完成！

下一步驟

35

組合響板的作法

1. 將蓋口對摺。

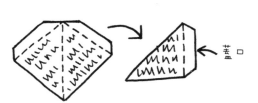

↓ 蓋口

2. 將兩邊的黏合處黏至主體內側。

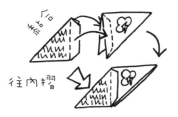

往內摺

3. 將蓋口部分摺入主體內，響板就完成了。

響板準備好的樣子

科學解析

當你用力快速向下甩動響板時，空氣阻力會讓蓋口猛然往上外擴。這個動作會將能量以波的形式擴散，傳遞至周遭的空氣中。當波傳到你耳朵的鼓膜時，大腦就會把它解讀為聲音。

碰！

1. 輕巧地向下甩動手腕。

2. 蓋口會完全上擴。

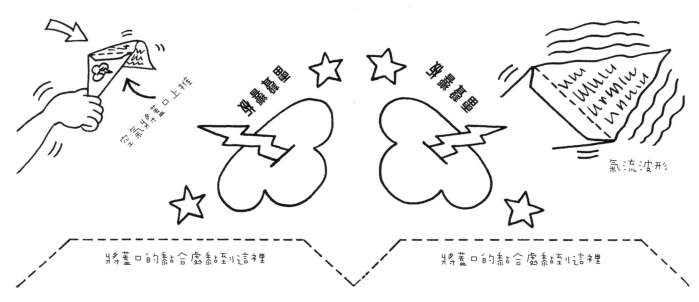

氣流波形

將蓋口的黏合處黏到這裡　　　　將蓋口的黏合處黏到這裡

奇怪的老鼠

眼見不能為憑。這個奇怪的老鼠就是
最好的例子！

小心將下方鼠頭及身體部位沿實線剪下，並按圖示做成老鼠。

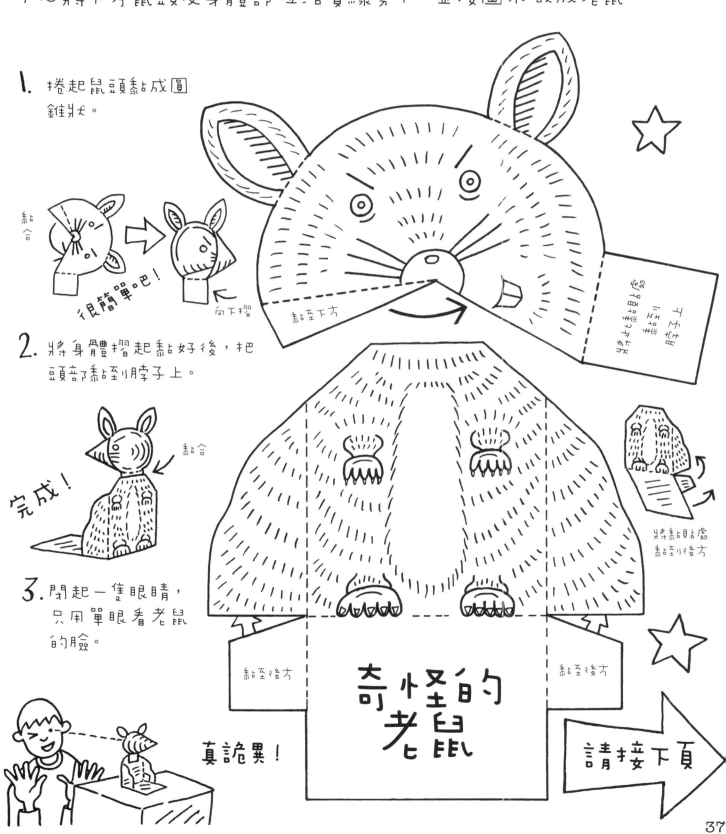

1. 捲起鼠頭黏成圓
   錐狀。

黏合
很簡單吧！
向下摺
黏至下方

將此處黏貼至
壽子上
手子上

2. 將身體摺起黏好後，把
   頭部黏到脖子上。

黏合
完成！

將黏貼處
黏到後方

3. 閉起一隻眼睛，
   只用單眼看老鼠
   的臉。

黏至後方
真詭異！

奇怪的
老鼠

黏至後方

請接下頁

37

以單眼觀看老鼠的臉時,試著移動及斜擺老鼠。老鼠看起來會像是在上下左右四處張望。

頭部黏合處
黏貼位置

黏合處黏貼
位置

黏合處黏貼
位置

科學解析

雙眼讓人類
可以感知
距離及立體形狀。
若只以
單眼觀看,
我們的大腦
就無法得知
老鼠的臉
是凹進去的
還是
凸出來的。
因此
就會產生
奇怪的錯覺,
以為老鼠有
尖尖的臉。
吱吱!

用眼睛移動物體吧!

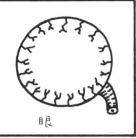

眼

犯

貓戴

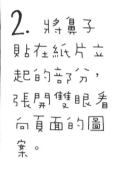

愛

1. 摺起頁面上的虛線,將中間部分像這樣立起來。

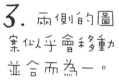

2. 將鼻子貼在紙片立起的部分,張開雙眼看向頁面的圖案。

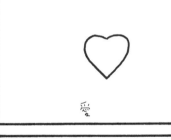

3. 兩側的圖案似乎會移動並合而為一。

4. 在下方的空格畫上你想要的圖案。

科學解析

每隻眼睛都會傳送各別的影像至大腦。大腦再將兩個影像合而為一。這就是所謂的「雙眼視覺」。

球

人

帽子

心

天才人偶DIY（三）
瑪麗‧居禮

皮耶‧居禮及瑪麗‧居禮
1903年

瑪麗‧居禮長大後成為世界最偉大的科學家之一，但她在自己的家鄉時卻因為身為女性而無法學習科學……怎麼可以這樣！

瑪麗亞‧斯克沃多夫斯卡於1867年在波  蘭出生，後來前往法國留學，她的名字用法文腔唸久了就成「瑪麗」了。可不是嗎！

她在1895年嫁給了同為科學家的皮耶‧居禮，他們一同研究放射物質，並在1903年榮獲諾貝爾物理學獎。瑪麗‧居禮是第一位獲得諾貝爾獎的女性。萬歲！

居禮夫婦研究放射性元素釙及鐳。這兩種高危險性的元素後來都嚴重危害到瑪麗‧居禮的健康。

瑪麗‧居禮的古老實驗筆記本目前仍帶有高放射性，而且還會持續幾百年之久。

做個迷你的瑪麗‧居禮人偶吧！

40

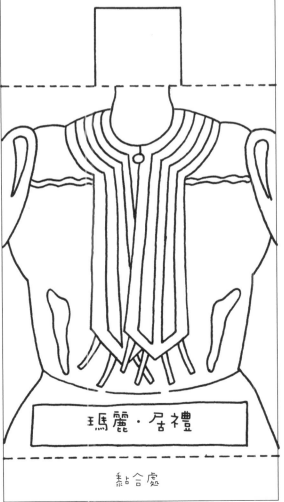

將所有配件著色後剪下。將身體摺好黏成三角形。將手臂貼至身體內側。將頭部黏到脖子上。

居禮夫婦創造了
「放射性」一詞。

放射性元素鋦的原文
「Curium」就是為了紀念
居禮夫婦而以他們的姓氏
「Curie」來命名。

旋轉吧！

按說明將所有圓形紙片剪下著色，並放在貝漢轉盤（請見第15頁）上。

轉盤旋轉時，你看到了什麼呢？

將其中一條螺旋帶塗成紅色，會產生驚人的效果哦！

將每條帶狀區域都塗上不同的顏色，你覺得會看到什麼呢？

牛頓色盤

「白」光實際上是由可見光（包括了彩虹的顏色）混合產生。若將右圖按說明著色後放在貝漢轉盤上轉動，就會混合成一種髒髒的灰白色！

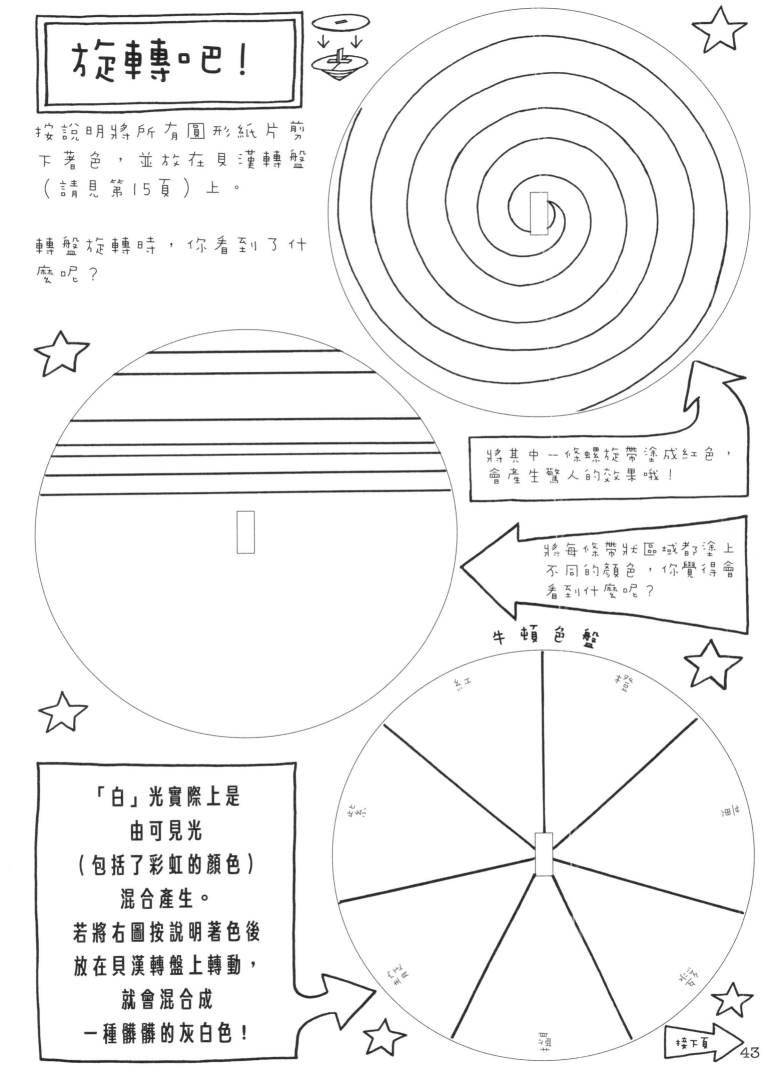

接下頁

43

準備一支手電筒、一盆水及一張白紙，並在水中斜放一面鏡子。打開手電筒照射水中的鏡子，光線就會散開成7種顏色，顯現在上方的白紙上。

紙

手電筒

水

鏡子

請在這裡畫上你的螺旋圖案。

請在這裡畫上你的圖案後試轉看看。

七彩轉盤的想法來自偉大的科學家牛頓，因此轉盤也以牛頓之名來命名。

這裡的分區不只7個，而是有14個。請塗上不同的顏色並看看會產生什麼樣的效果。

 # 飛鏢遊戲

做支會飛回來的迷你迴旋鏢吧！

將下方2個迴旋鏢紙模型著色或畫上圖案。剪下後依圖示說明完成（細實線處都要剪開）。

1. 將鏢翼向下摺。

黏合處也要往下摺

2. 用手指輕壓鏢翼，並用膠帶將黏合處固定。

貼起來

3. 完成的迴旋鏢有一側是平面，另一側是曲面。

鏢翼的截面要像這樣

這個特殊的鏢翼形狀稱為翼剖面。

4. 迴旋鏢的玩法：

將迴旋鏢置於手背上，輕輕對著一邊鏢翼往上方彈出。

目前所知最古老的迴旋鏢，已有超過1萬年的歷史了。

科學解析

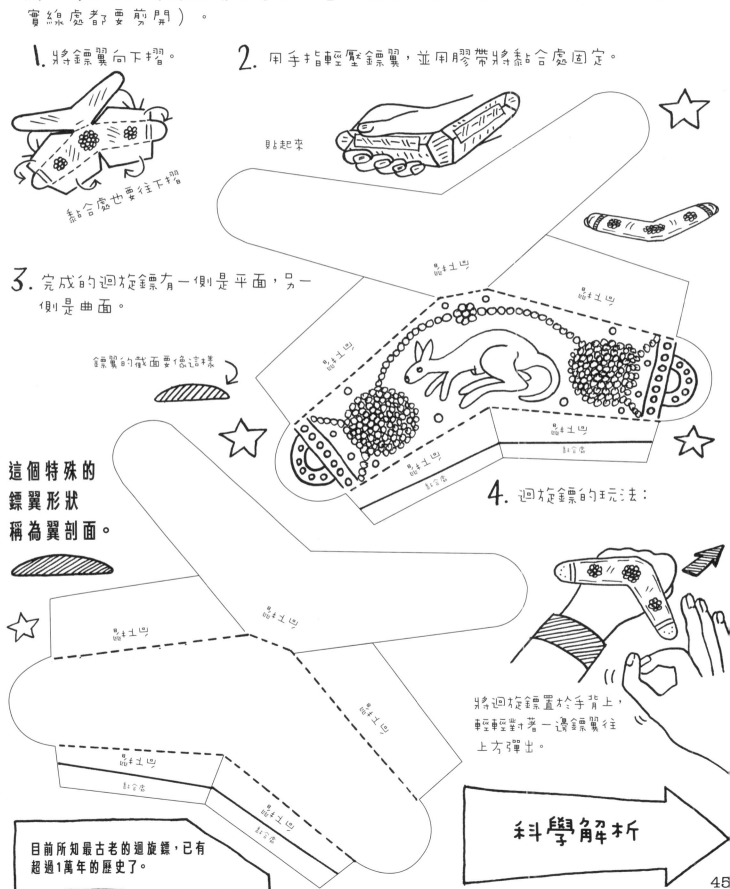

迴旋鏢是速度很快的迴轉飛鏢！輕彈鏢翼讓迴旋鏢先旋轉飛離你，然後它會再飛回你這裡。

多練習幾次，就可以讓迴旋鏢每次都飛回你腳邊。鏢翼的特殊翼剖面提供迴旋鏢升力，再加上旋轉作用則是讓迴旋鏢轉回原處。

輕彈

迴旋鏢的一般飛行路徑

迴旋鏢
是目前所知
最古老的
人造飛行物，
最初
做為武器，
也用於
狩獵。

咻～

哎喲！

迴旋鏢也稱為
「回力」鏢。

牛頓的桌子

讓朋友驚奇的科學魔術

著色後剪下桌子及桌布的紙模型，接著再摺起黏好。再拿2枚（一大一小的）硬幣來，就可以用物理學變把戲了。

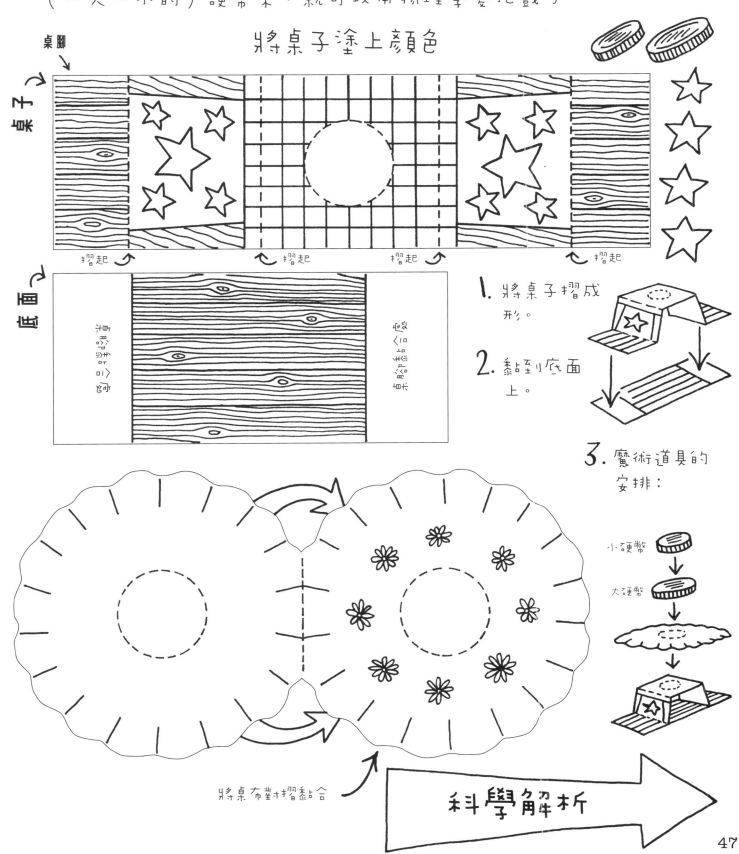

將桌子塗上顏色

桌腳

桌子

底面

摺起　摺起　摺起　摺起

1. 將桌子摺成形。

2. 黏到底面上。

3. 魔術道具的安排：

小硬幣

大硬幣

將桌布對摺黏合

科學解析

47

這個小把戲是以英國科學天才牛頓為名。牛頓生於1643年，享年84歲。他探索了許多科學領域，包括：光學、力學、熱力學、聲學及天文學。他甚至還發明了新形式的數學。

全都說得通！

有人說牛頓發明了寵物門板，但事實必非如此喔！

喵嗚！

這是項魔術往在舞台上表演時，有時候也會使用真正的桌布。

跟朋友說：

1. 「牛頓要吃披薩，所以我們得擺好桌子……」

將桌布放在桌子上。

2. 「披薩烤好後要放在盤子上，擺到桌子的中央。」

將小硬幣疊在大硬幣上，擺到桌布中央。

3. 「但牛頓討厭桌布，所以我們要在披薩涼掉之前趕快拿掉桌布。」

輕輕彈！

用一手壓住桌腳，再用另一隻手的食指俐落地彈開桌布。

做得好的話，桌布彈開後，硬幣仍會留在桌上。

硬幣會因為「慣性」留在桌面上。慣性是物體在沒有外力作用下，維持原狀（靜止或移動）的傾向。牛頓在1687年所提出的「第一運動定律」中描述了慣性。桌布與硬幣間的摩擦力不足以移動硬幣，所以硬幣仍留在桌上。

摺疊臉孔

用2種不同的顏色為分割的臉孔著色（下方標黑圈圈的帶狀區域塗一種顏色，標白圈圈的塗另一種顏色）。沿著虛線交互摺成下面的模樣：

 當你從不同的角度觀看臉孔時，會看到不同的表情。

科學解析

這種凸起的混合圖案，稱為透鏡變圖。光以直線前進，所以只有圖案正對著你時，你才能看到正確的圖案組合。

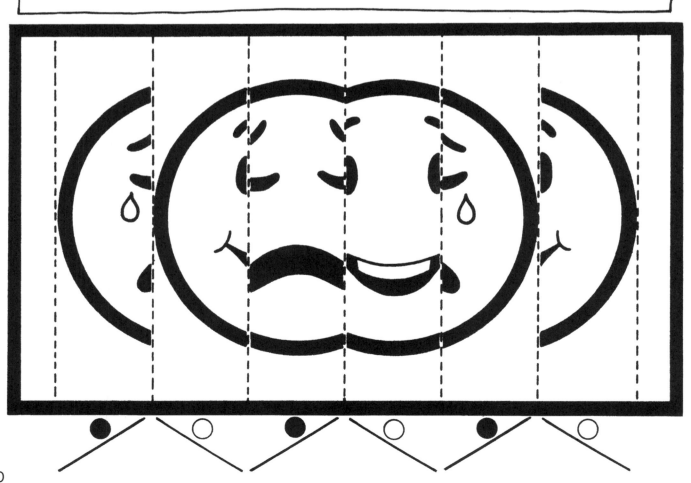

超級蒼蠅

放風箏，樂趣多！

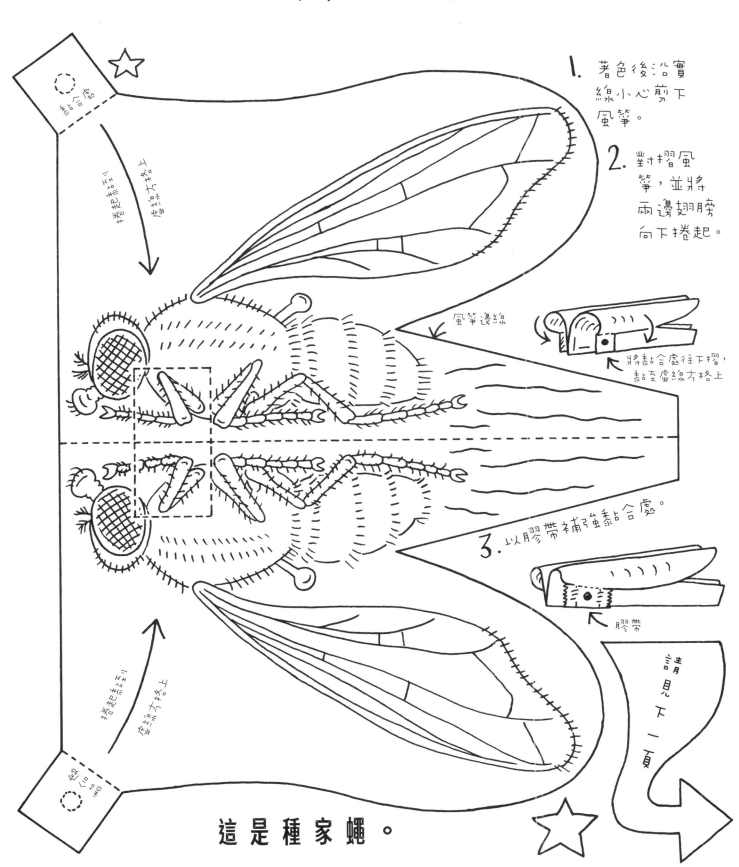

1. 著色後沿實線小心剪下風箏。

2. 對摺風箏，並將兩邊翅膀向下捲起。

風箏邊緣

將黏合處往下摺，黏至虛線方格上

3. 以膠帶補強黏合處。

膠帶

請見下一頁

黏合處

捲起黏貼引

虛線方格上

捲起黏貼引

虛線方格上

這是種家蠅。

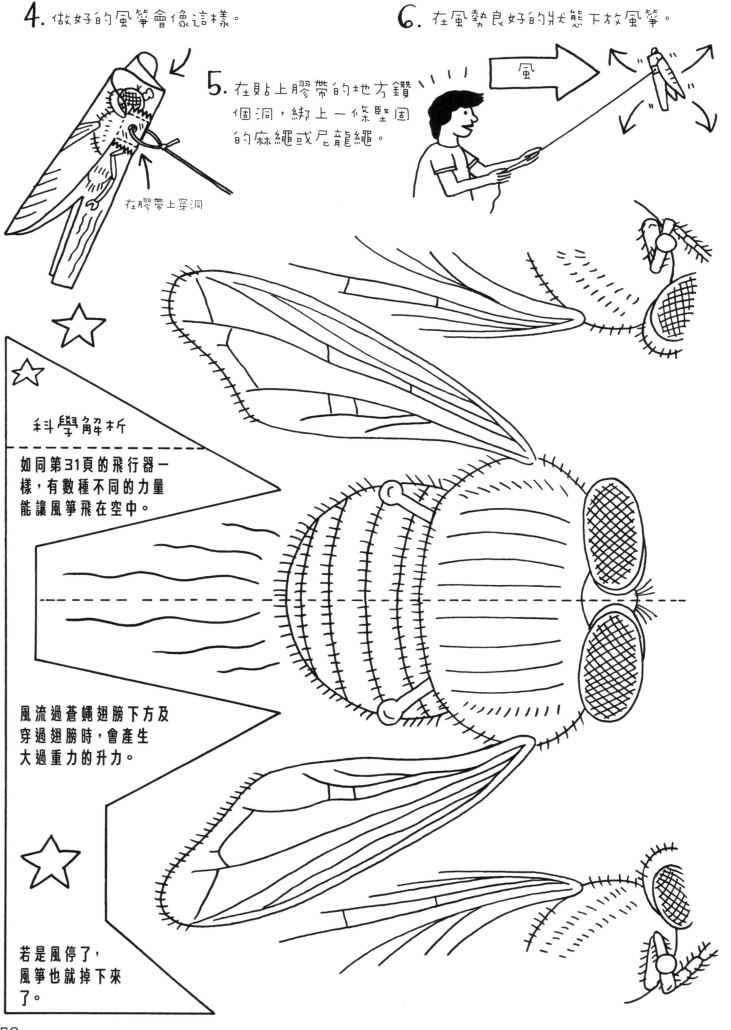

4. 做好的風箏會像這樣。

5. 在貼上膠帶的地方鑽個洞，綁上一條堅固的麻繩或尼龍繩。

在膠帶上穿洞

6. 在風勢良好的狀態下放風箏。

風

科學解析

如同第31頁的飛行器一樣，有數種不同的力量能讓風箏飛在空中。

風流過蒼蠅翅膀下方及穿過翅膀時，會產生大過重力的升力。

若是風停了，風箏也就掉下來了。

斜紋的位置

將下方右側紙模型剪下摺成「看片機」。將左方長形紙片上的斜紋區塊，間隔塗上紅色後剪下插入看片機中。慢慢左右滑動紙片，看看會發生什麼情況。

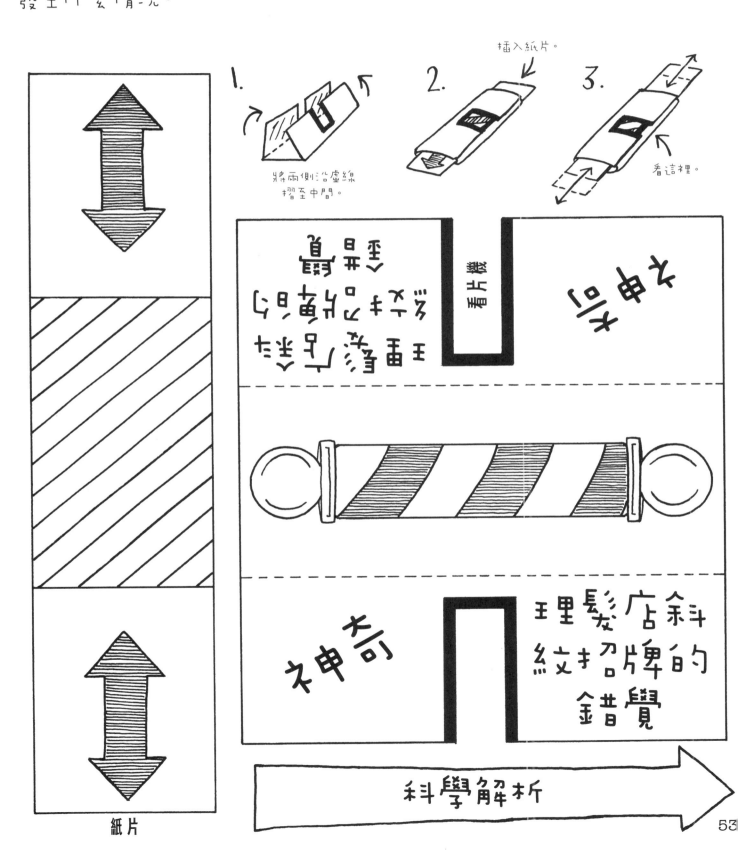

1. 將兩側沿虛線摺至中間。

2. 插入紙片。

3. 看這裡。

看片機

神奇

理髮店斜紋招牌的錯覺

紙片

科學解析

你會看到:

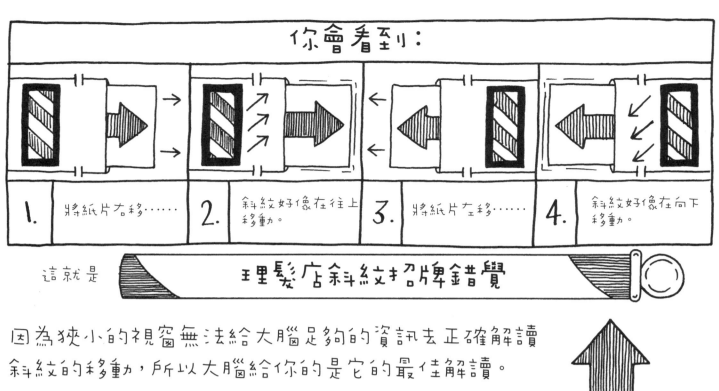

1.	將紙片右移……	2.	斜紋好像在往上移動。
3.	將紙片左移……	4.	斜紋好像在向下移動。

這就是  理髮店斜紋招牌錯覺

因為狹小的視窗無法給大腦足夠的資訊去正確解讀斜紋的移動,所以大腦給你的是它的最佳解讀。

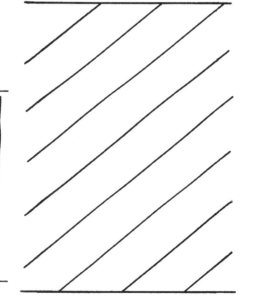

你知道嗎?

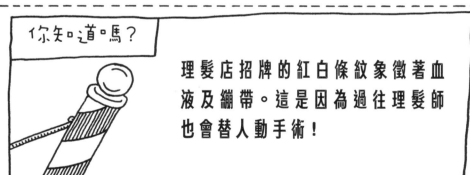

理髮店招牌的紅白條紋象徵著血液及繃帶。這是因為過往理髮師也會替人動手術!

54

你夠勇敢嗎？你敢進入

黑洞 嗎？

黑洞讓人匪夷所思。宇宙中的黑洞不是真正的洞，而是由密度極大的物質所構成的實體，通常是恆星死亡造成的結果。黑洞的巨大重力代表它們會吸入所有靠近它們的東西（包括光），而且這些東西再也逃不出來。

那，你敢進入這個黑洞嗎？

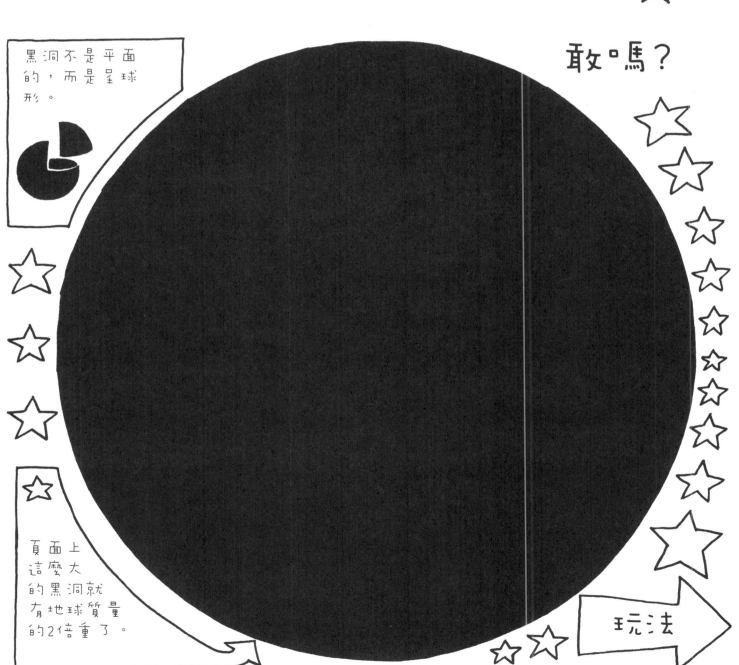

黑洞不是平面的，而是呈球形。

敢嗎？

頁面上這麼大的黑洞就有地球質量的2倍重了。

玩法

1. 剪下黑洞並對摺。虛線那一面要朝上。

2. 壓緊後按數字順序沿虛線割開（先割弧線，再割直線）。

割到停止線就不要再剪了。→→|

3. 這就成了一個你可以穿過去的彎曲環帶。

科學解析

接近真實的黑洞是很糟糕的情況。黑洞重力的拉力極大，會將你的身體拉成像義大利麵般的長條狀，從最靠近的地方開始拉長。

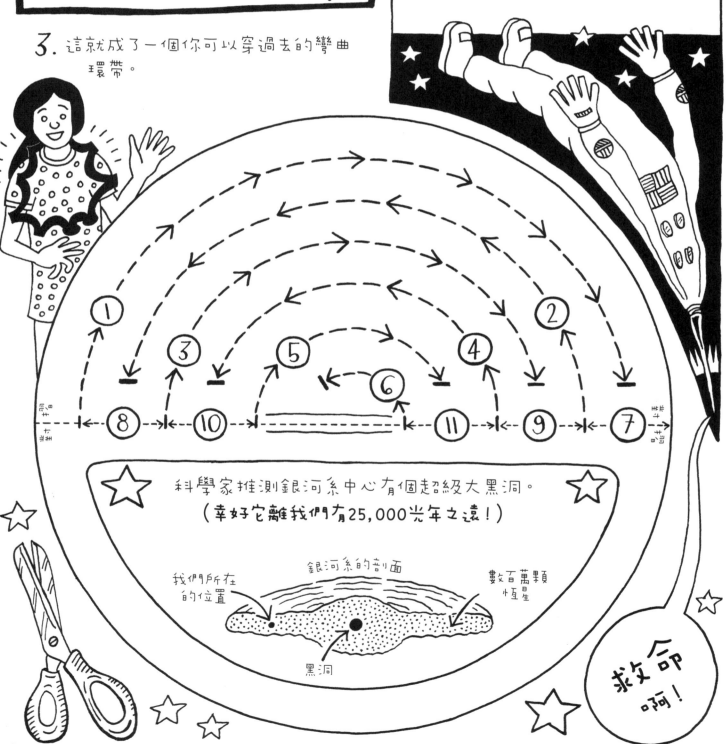

科學家推測銀河系中心有個超級大黑洞。
（幸好它離我們有25,000光年之遠！）

銀河系的剖面

我們所在的位置

數百萬顆恆星

黑洞

救命啊！